《电力电缆故障测寻技术操作手册》编委会 编著

电力电缆故障测寻技术操作手册

实操篇

目　录

第⑥章　电力电缆故障测寻操作方法(散件设备)

6.1　电缆故障测寻工作前准备

1. 测寻操作相关仪器设备

兆欧表、万用表、连接线、放电棒、验电器、绝缘手套、地线、标识牌、警示牌。

2. 电缆两端做安全措施

1)在电缆测试端做安全措施

(1)检查验电器(图6-1),验电器自检合格后再用工频发生器检测合格后方可使用。

(2)戴绝缘手套,验电(图6-2),再次检查验电器。

(3)接地线(图6-3),注意先接地极再接电缆终端。

(4)装设围栏,挂标识牌"在此工作",挂警示牌"止步,高压危险!"。

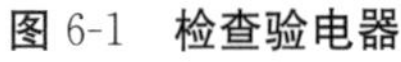
图 6-1 检查验电器

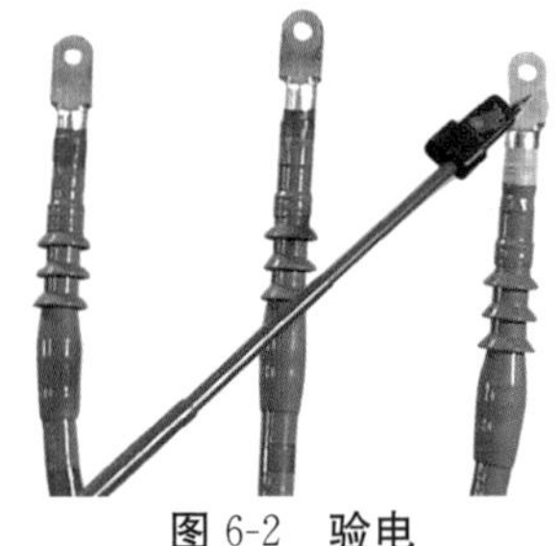

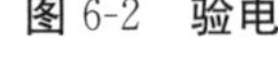
图 6-2 验电

图 6-3 接地线

2)在电缆对端做安全措施

到故障电缆的对端,检查是否具备测试条件,并在该处设置安全围栏,挂警示牌“止步,高压危险!”,并派人看守。

6.2 故障性质诊断操作流程

(1)检查兆欧表,即启动兆欧表到无穷,表笔搭接到零位。注意要匀速摇动兆欧表,转速为 120r/min。

(2)用兆欧表分别摇测电缆三相主绝缘电阻(图 6-4 和图 6-5),注意测试后进行放电。

根据测试结果判断电缆绝缘是否存在接地故障。

(3)检查万用表,即选择 1Ω 挡,表笔搭接调零位。用万用表进一步测试故障相的绝缘电阻值,从而判断是高阻故障还是低阻故障。

(4)在电缆对端用短路线将三相短路(图 6-6),在电缆测试端,选择万用表 1Ω 挡进行电缆导通试验测试,判断是否存在断线故障。

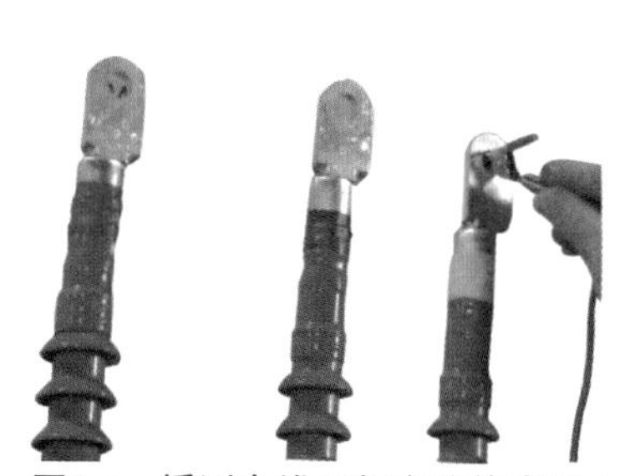

图6-4　摇测电缆三相主绝缘电阻 1　　图 6-5　摇测电缆三相主绝缘电阻 2

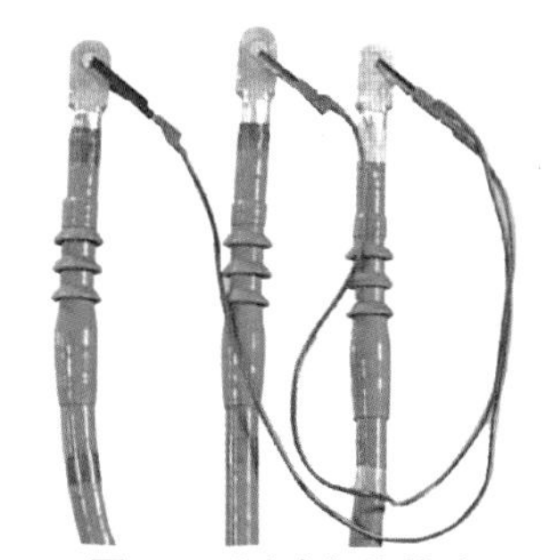

图 6-6　测试断线故障

(5)拆除电缆对端短路线。

(6)综上所述,根据测试结果判断电缆的故障性质。

6.3 电缆故障初测操作方法

6.3.1 电桥法

1. 操作流程

(1)工作前准备:

①检查电阻器、检流计;

②检查电源及电源线;

③检查高低压辅助连接线;

④检查短路线;

⑤电缆两端做安全措施。

(2)接线:

①接检流计;

②接电阻器;

③接电源线。

(3)检查接线:唱线核对。

(4)测试操作:

①接通电源;

②调整电阻器;

③观察检流计;

④打开检流计放大器;

⑤再次调整电阻器;

⑥断开电源;

⑦读数;

⑧拆除接线。

(5)填写测试记录。

2. 测试操作具体步骤

(1)测试所需设备及安全工器具。

测试设备:QF1A 单臂电桥(注意:根据电缆故障电阻选用合适的电桥,检查电阻箱调节按钮是否灵活以及检流计电池是否有电)、电源线、小夹子线、短路线、放电棒。

安全工器具:绝缘手套、地线、安全围栏、标识牌。

(2)接线。

①接线图:如图 6-7 所示。

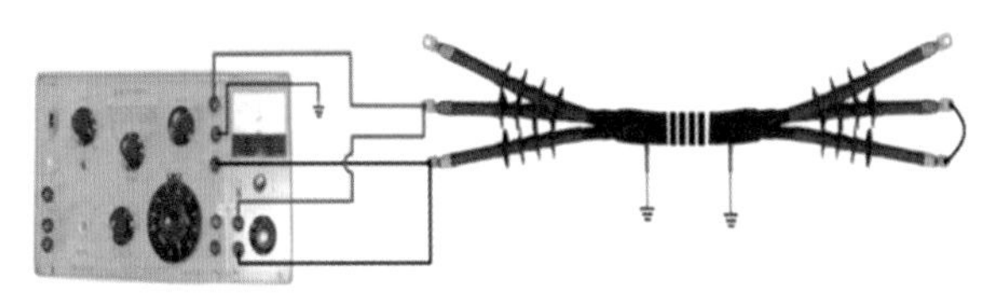

图 6-7　接线图

②接线顺序：

a. 在电缆对端将故障相和一绝缘良好相用短路线连接，如图 6-8 所示，图中左相为故障相，右相为良好相；

b. 连接铠装接地线，如图 6-9 所示。

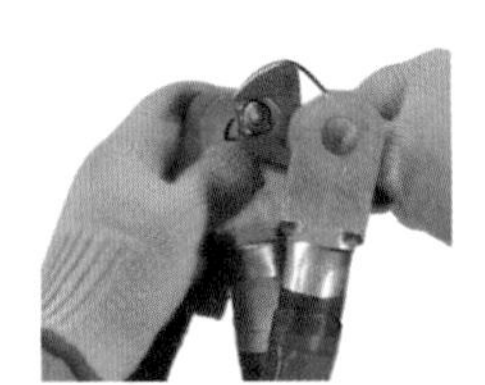

图 6-8　短路线连接故障相和良好相

图 6-9　连接铠装接地线

c. 用四根小夹子线分别将检流计与电阻箱连接，并与电缆连接，如图 6-10、图 6-11、图 6-12 所示。

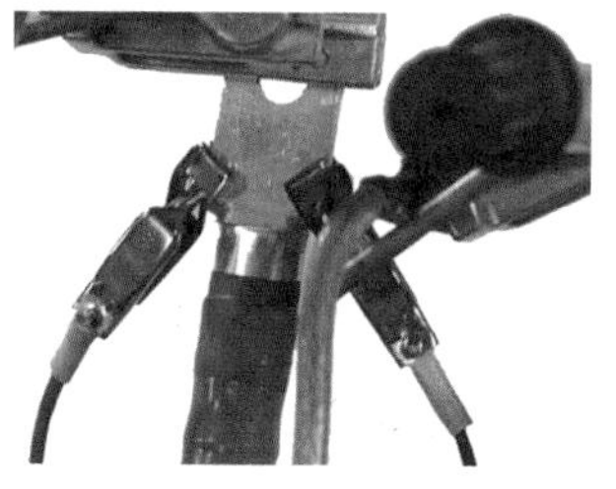
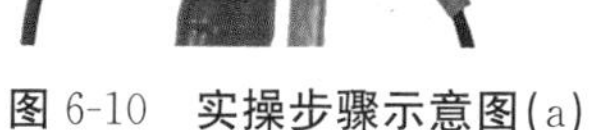

图 6-10　实操步骤示意图(a)

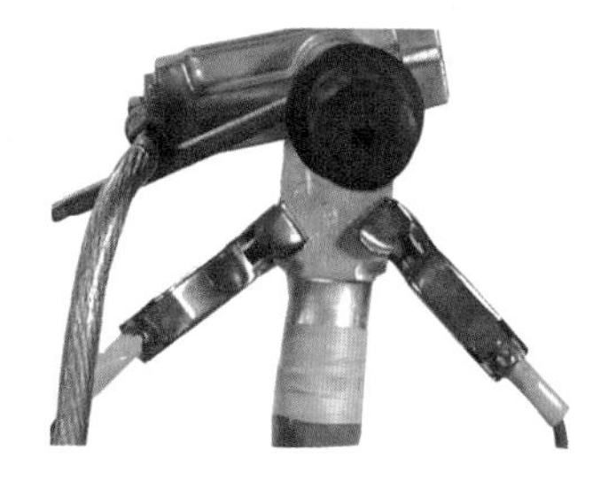

图 6-11　实操步骤示意图(b)

图 6-12　实操步骤示意图(c)

d. 连接电阻箱接地端。

(3)检查接线。

(4)测试操作。

①调整检流计零位;

②接通电源线,打开开关;

③调整电阻箱阻值,使检流计指针到零,如图 6-13 所示;

④读取电阻箱数值;

⑤在电缆测试终端将故障相与无故障相连接线对调,如图 6-14 所示;

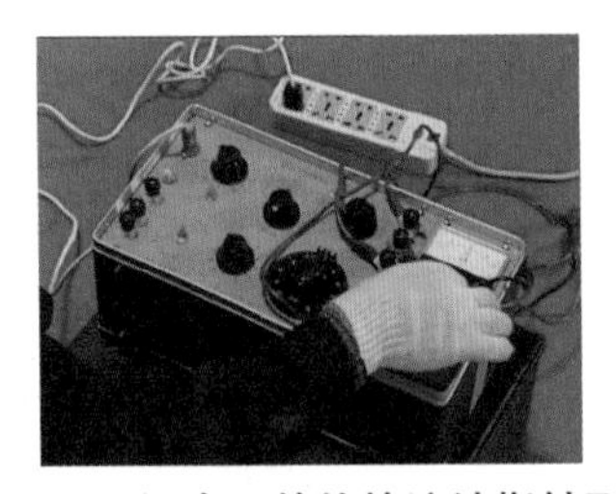

图 6-13 调电阻箱使检流计指针到零

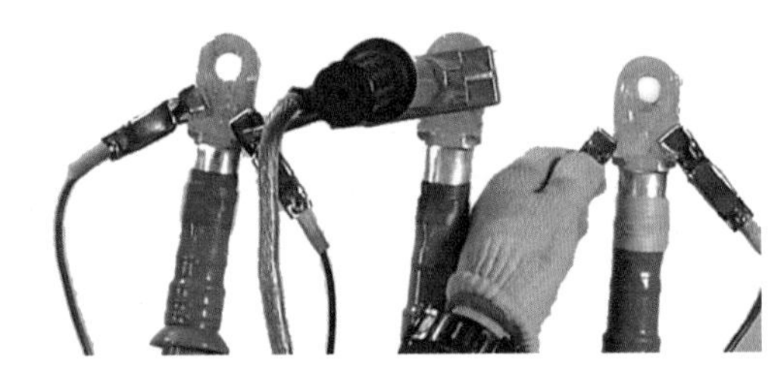

图 6-14 对调故障相与无故障相连接线

⑥接通电源线,打开开关;

⑦调整电阻箱阻值,使检流计指针到零;

⑧读取电阻箱数值。

(5)计算:按计算公式选出测量端到故障点的电气距离。即

$$L_x = 2kL$$

式中:L_x 为测量端到故障点的电气距离;k 为测量读数;L 为电缆全长。

(6)工作结束。

在电缆对端放电后拆除短路线,摘掉标识牌,撤走围栏,拆除短路线,将电缆终端恢复原状。在电缆测试端拆除所有试验接线,拆除接地线(注意:先拆电缆终端地线,再拆接地极地线)。将被试电缆恢复原状,测试仪器和工器具回归原位。

6.3.2 低压脉冲法

1. 操作流程

(1)工作前准备：

①检查测距仪；

②检查低压脉冲导引线、电源电量等；

③电缆两端做安全措施。

(2)接线：

①接钢铠、接地线；

②接电缆待测线芯；

③检查接线。

(3)唱线核对。

(4)测试操作：

①打开电源开关，检查测试方式；

②调整波速、范围、采样，调整增益、放大、光标；

③确定粗测距离；

④存储波形数据；

⑤拆除接线。

(5)打印测试记录。

2. 测试操作具体步骤

(1)测试所需设备及安全工器具。

测试所需设备:电缆故障测距仪、电源线、脉冲导引线和放电棒。

安全工器具:绝缘手套、地线、安全围栏、标识牌。

(2)接线。

①接线图:如图 6-15 所示。

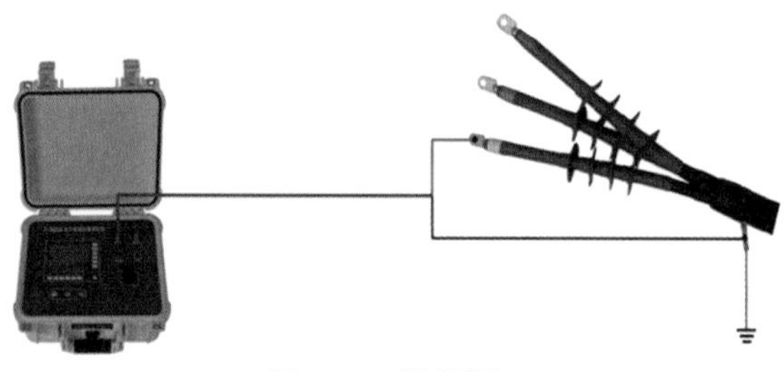

图 6-15　**接线图**

②接线顺序:

a. 检查测距仪各按钮是否灵活;

b. 连接电缆故障相到设备,如图 6-16 所示;

c. 连接测距仪,如图 6-17 所示。

图 6-16　连接电缆故障相至设备

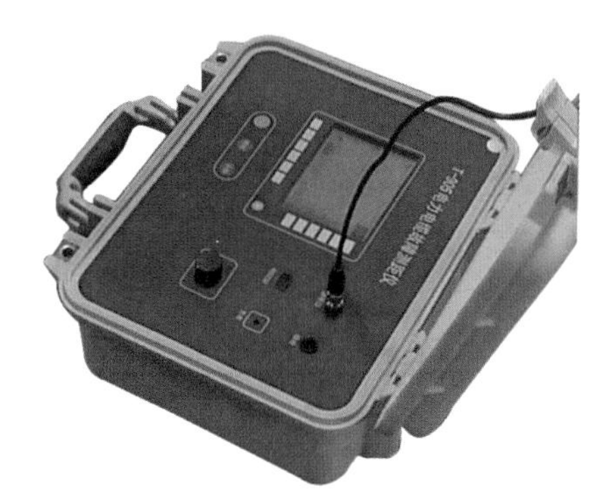

图 6-17　连接测距仪

(3)检查接线。

(4)测试操作。

①开启电源开关。

②开灯,选择工作模式:按“方式”键,选择“低压脉冲”方式,如图 6-18 所示。

③设定波速:根据被测电缆设定合适的波速,如图 6-19 所示。

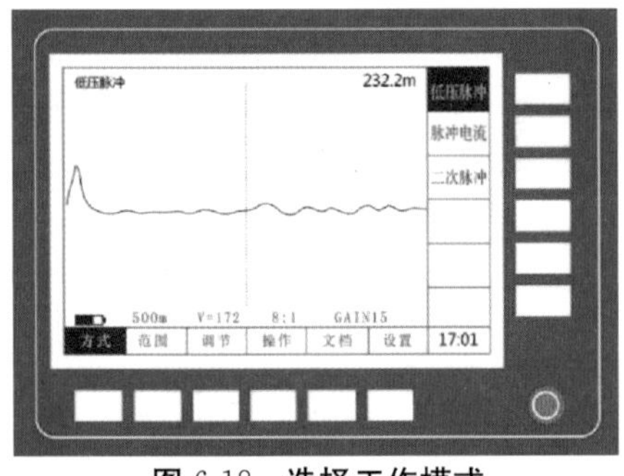

图 6-18　选择工作模式

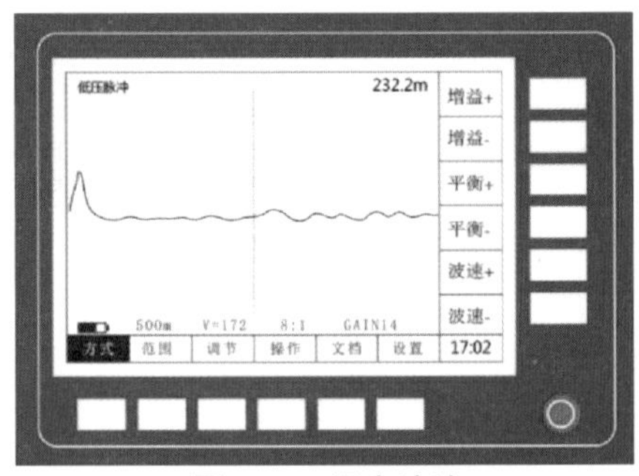

图 6-19　设定波速

参考波速：

油纸电缆为 160m/μs;

交联聚乙烯电缆为 172m/μs;

聚氯乙烯电缆为 184m/μs;

④设定测试范围并采样,得到测试波形,如图 6-20 所示。注意:按电缆长度设定测试范围,范围要稍大于电缆全长。

⑤调整增益。在故障波形不失真的前提下,将增益尽量调大,如图 6-21 所示。

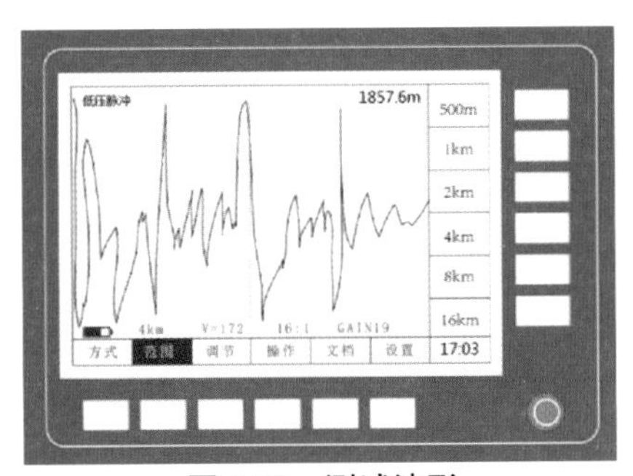

图 6-20　测试波形

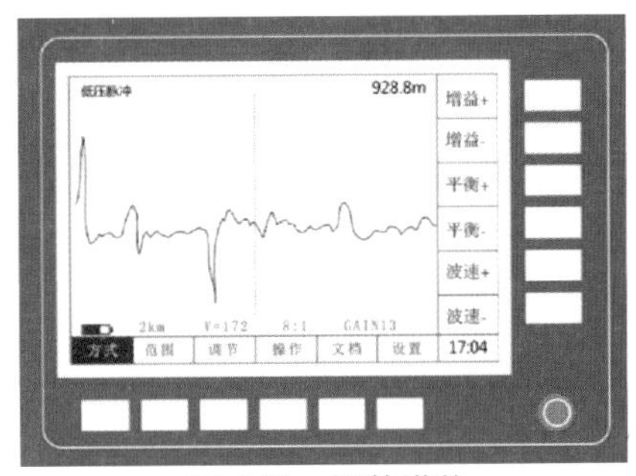

图 6-21　调整增益

⑥调节光标,将光标调至故障点处(图 6-22),根据测距仪屏幕右上角数值读取故障距离。

⑦工作结束。

a. 拆除电缆对端安全措施:摘掉标识牌,撤走围栏。

b. 拆除所有试验接线,拆除接地线。注意:先拆电缆终端地线,再拆接地极地线。将被试电缆恢复原状,测试仪器和工器具撤出现场。

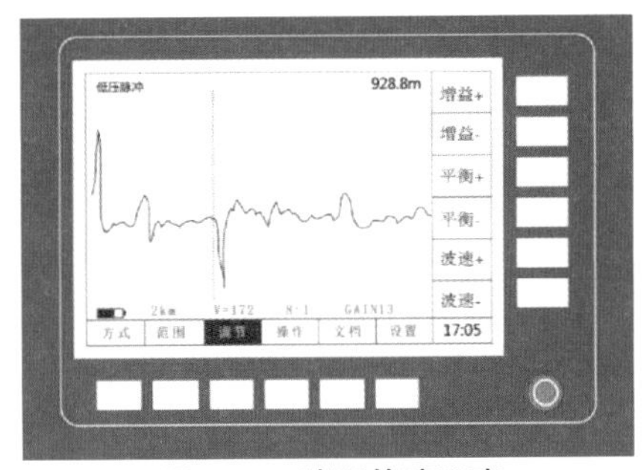

图 6-22　读取故障距离

6.3.3 二次脉冲法

1. 操作流程

(1)工作前准备:

①检查测距仪、电流触发器(取样器)及导引线等;

②检查直流高压信号发生器、二次脉冲耦合器等;

③检查测试用辅助高低压连接线、放电棒、电源及电源线等;

④电缆两端做安全措施。

(2)接线:

①连接接地线;

②连接直流高压信号发生器、二次脉冲耦合器;

③连接电容、电流信号触发器等;

④连接测距仪;

⑤连接电源线。

(3)检查接线:唱线核对。

(4)测试操作:

①打开测距仪电源开关;

②选择测试方法,调整波速、范围、增益等;

③先开启直流信号发生器,再打开二次脉冲耦合器电源开关,缓慢升高电压至一定值后,按动放电按钮,击穿故障点,获取二次脉冲波形;

④分析并调整测距仪光标,确定粗测距离;

⑤打印或存储波形数据;

⑥断开电源;

⑦电缆放电接地;

⑧拆除接线。

(5)打印测试记录。

2. 测试操作具体步骤

(1)测试所需设备及安全工器具。

测试所需设备:高压信号发生器、二次脉冲耦合器、电容器、放电棒、电缆故障测距仪、脉冲电流耦合器、连接线、放电棒。

安全工器具:绝缘手套、地线、安全围栏、标识牌。

(2)接线。

①接线图:如图 6-23 所示。

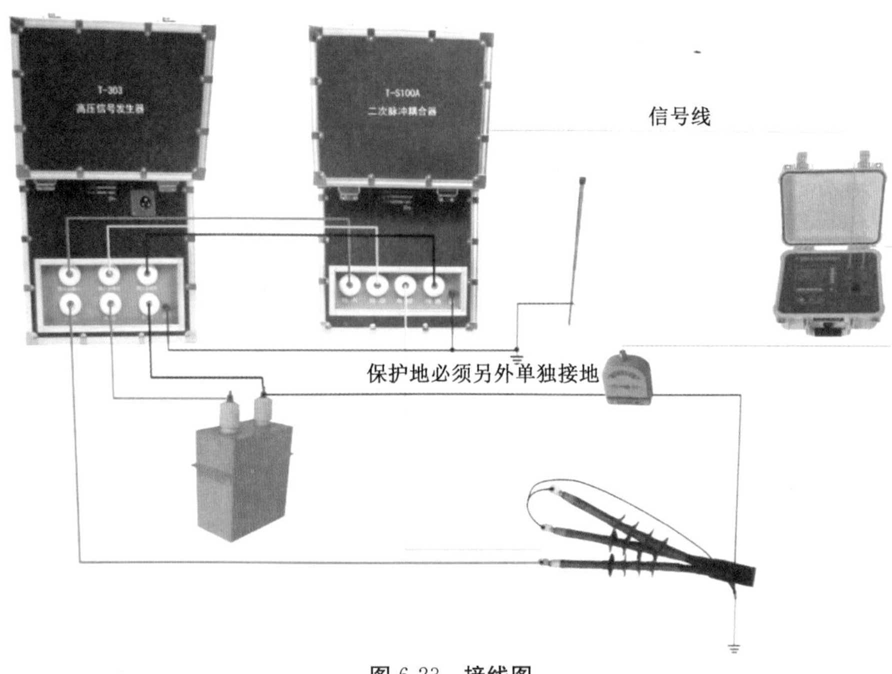

图 6-23　接线图

②接线顺序。

a. 连接钢铠地线。

b. 连接二次脉冲耦合器保护地线。

c. 连接高压信号发生器保护地线。

d. 连接放电棒。

e. 连接电容器地线。

f. 接电缆故障相到二次脉冲耦合器。

g. 接电缆故障相到高压信号发生器。

h. 接高压信号发生器到电容器。

i. 接高压信号发生器到工作地线。

j. 连接二次脉冲耦合器工作地线。

k. 连接高压信号发生器输出端到二次脉冲耦合器。

l. 连接高压信号发生器电源线。

m. 连接二次脉冲耦合器的信号输出数据线到测距仪的信号口。

(3)检查接线。

(4)测试操作。

①打开测距仪的开关,开灯,按“方式”键,选择“二次脉冲”方式,如图 6-24 所示。

②按“范围”键,选择稍大于电缆全长的测试范围,按“调节”键,根据电缆的绝缘性质调整波速度至合适的数据,然后按“测试”键,仪器等待触发,如图 6-25 所示。

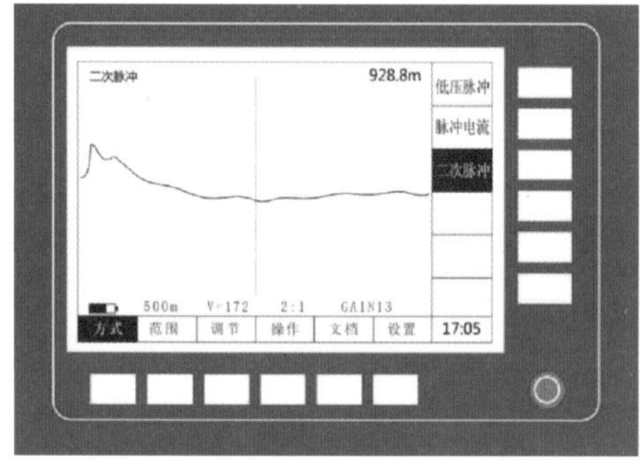

图 6-24　选择二次脉冲方式

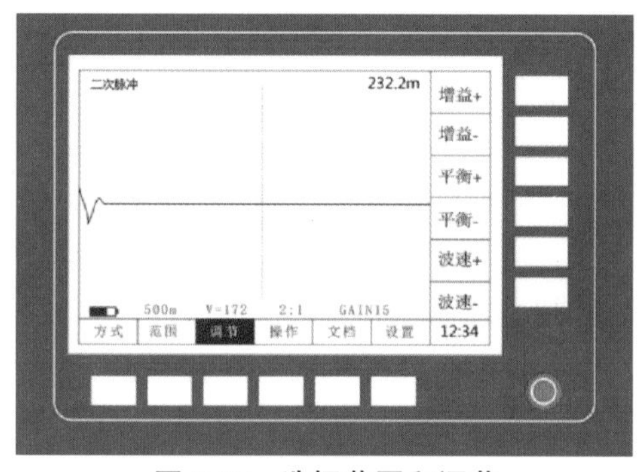

图 6-25　选择范围和调节

③选择信号发生器的测试方式为二次脉冲,工作方式为单次放电,调压到零,如图 6-26 所示。

④缓慢旋转调压旋钮,升高输出电压至适当数值,如图 6-27、图 6-28 所示。

⑤按动单次放电按钮,使故障点击穿放电,如图 6-29 所示。

⑥获取二次脉冲波形,如图 6-30 所示。

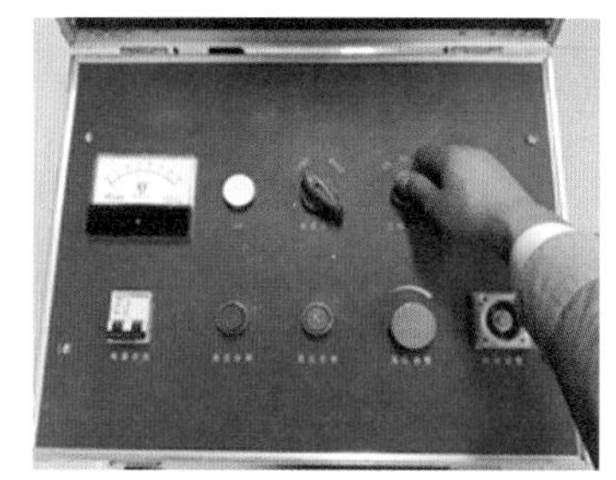

图 6-26　选择信号发生器的测试方式和工作方式

图 6-27　缓慢旋转调压旋钮

图 6-28　升高输出电压

图 6-29　按动单次放电按钮

⑦工作结束。

a. 关闭各项设备电源。

b. 电缆放电接地。

c. 拆除电源线,拆除所有连接线,拆除地线。

d. 拆除电缆对端安全措施,摘掉警示牌,撤走安全围栏。

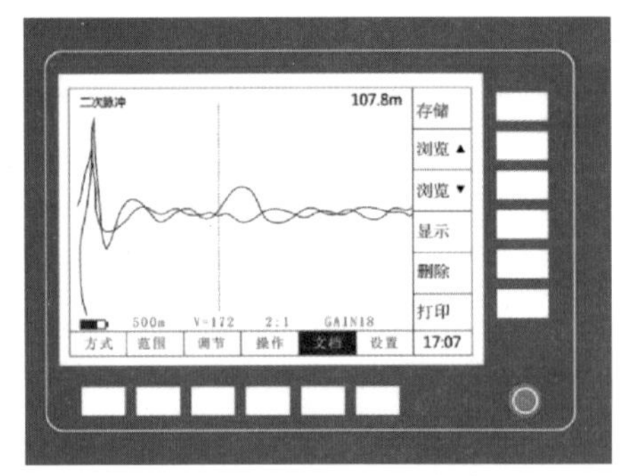

图 6-30　获取二次脉冲波形

6.3.4　脉冲电流法

1. 操作流程

(1)工作前准备:

①检查测距仪、电流取样器;

②检查直流高压信号发生器、脉冲电容、球形间隙等;

③检查测试用连接线、放电棒、电源及电源线等;

④电缆两端做安全措施。

(2)接线:

①连接接地线;

②连接直流高压信号发生器;

③连接电容、球形间隙、取样器等;

④连接测距仪;

⑤连接电源线。

(3)检查接线:唱线核对。

(4)测试操作:

①打开测距仪电源开关;

②选择测试方法,调整波速;

③开启并缓慢升高直流信号发生器电压,击穿球形间隙及故障点,获取放电波形;

④调整范围、增益,分析并调整测距仪光标,确定粗测距离;

⑤打印或存储波形数据;

⑥断开电源;

⑦电缆放电接地;

⑧拆除接线。

(5)打印测试记录。

2. 测试操作具体步骤

(1)测试所需设备及安全工器具。

测试所需设备:高压信号发生器、电容器、测距仪、线性电流耦合器、连接线、放电棒。

安全工器具:绝缘手套、地线、安全围栏、标识牌。

(2)接线。

①接线图:如图 6-31 所示。

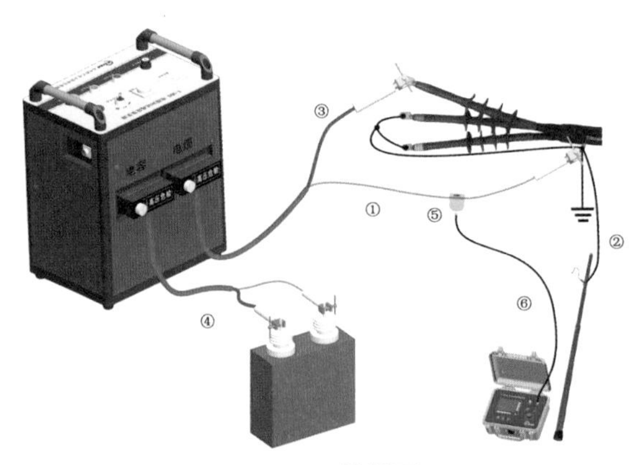

图 6-31　接线图

根据接线图将各设备摆放到合适的位置,相互之间要留有足够的安全空间。

②接线顺序。

a. 把各设备按图 6-31 中①连接电缆钢铠地线到设备，按图 6-31 中②连接地线到放电棒。

b. 按图 6-31 中③连接电缆故障相到设备。

c. 按图 6-31 中④连接电容器。

d. 按图 6-31 中⑤连接线性电流耦合器。

e. 按图 6-31 中⑥连接测距仪。

f. 连接各设备电源线。

(3)检查接线：唱线核对，拆除电缆故障相地线，准备测试。

(4)测试操作。

①打开测距仪电源开关。

②选择测试方法，调整波速，如图 6-32、图 6-33、图 6-34 所示。

③按“测试”键，等待信号触发，如图 6-35 所示。

④按动高压信号发生器的高压合闸按钮(图 6-36)，启动高压输出，缓慢旋转调压旋钮(图 6-37)，升高输出电压，升压后，通过触发球形间隙放电，向电缆施加高压脉冲信号，使故障点击穿放电。

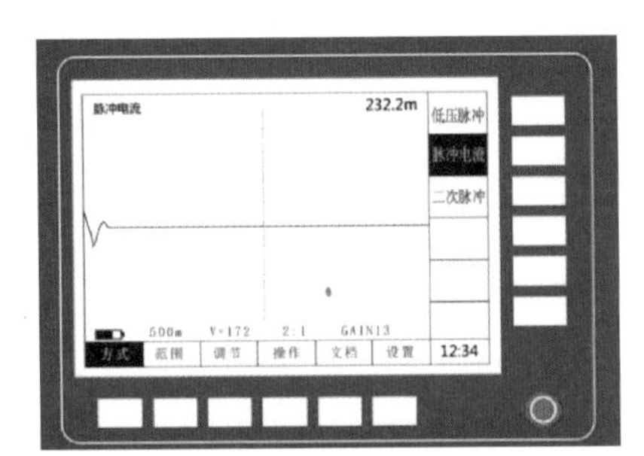

图 6-32　选择测试方法

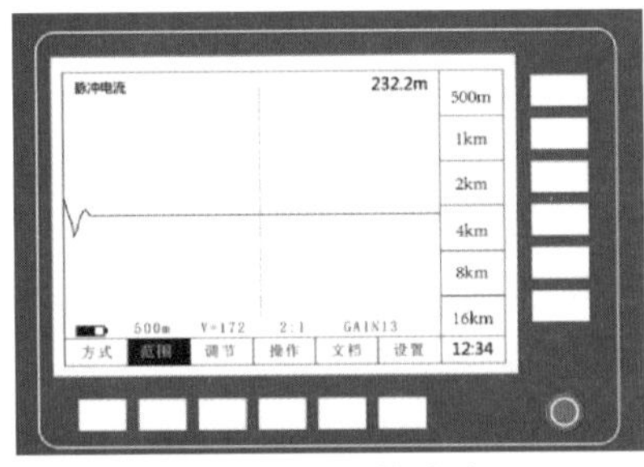

图 6-33　调整波速

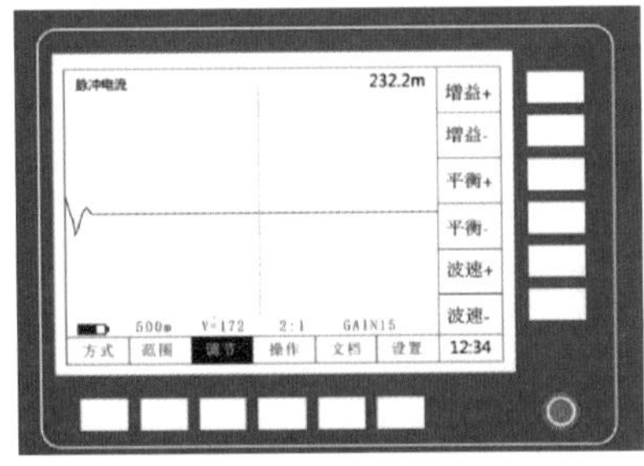

图 6-34　调整范围

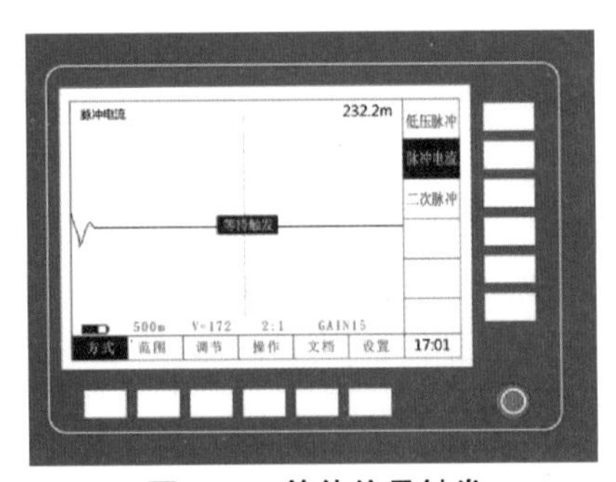

图 6-35　等待信号触发

图 6-36　按动高压信号发生器高压合闸按钮

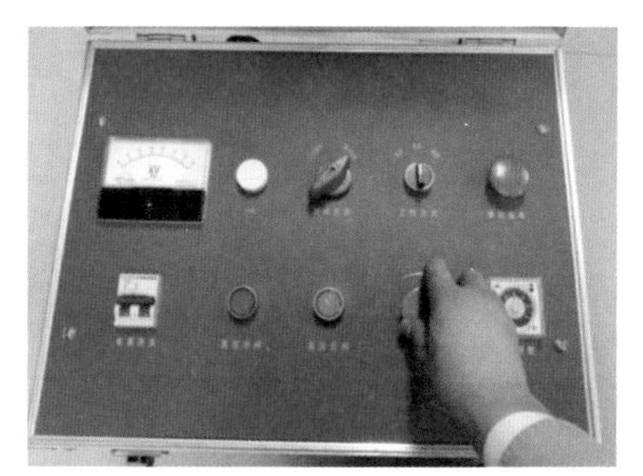
图 6-37　缓慢旋转调压旋钮

⑤采样,如图 6-38 所示。

⑥分析并调整测距仪光标,调整范围,获得波形的幅值太大或太小,调整“增益”“放大”和“缩小”键,直到获得合适的波形为止,适当调整零点光标与虚光标的位置,获得粗测距离,读取数据,如图 6-39 所示。

⑦电缆放电接地。

⑧打印或存储波形数据。

(5)打印测试记录。

(6)工作结束。

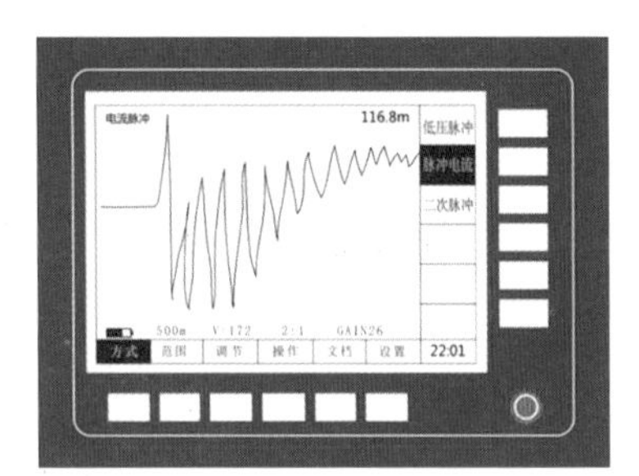

图 6-38 测试波形

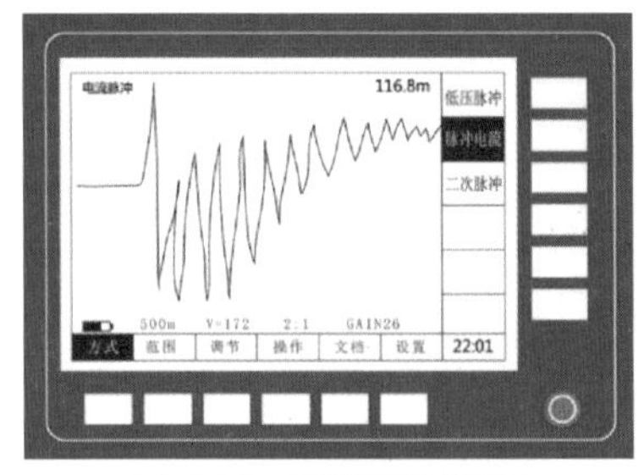

图 6-39 获取粗测距离

①拆除测试端所有试验接线,拆除接地线。注意:先拆电缆终端地线,再拆接地极地线。②拆除电缆对端安全措施:摘掉标识牌,撤走围栏。③将被试电缆恢复原状,测试仪器和工器具回归原位。

6.4 电缆故障定点操作方法

6.4.1 声磁同步法

1. 操作流程

(1)根据初测结果,到达故障初测距离附近,启动故障定点仪。

(2)与故障测试端测试人员联系,启动冲击放电发生器。

(3)沿着故障电缆路径,进行故障精确定点,确定电缆故障位置。

(4)关闭故障定点仪。

(5)与故障测试端测试人员联系,关闭冲击放电发生器。

2. 测试操作具体步骤

(1)准备故障定点仪,选择合适的探针(图 6-40)。

①三爪底盘,适用于不平坦的硬地面。

②长探针适用于草地或松软地面。

③短探针适用于平坦的硬地面(如柏油沥青地面)。

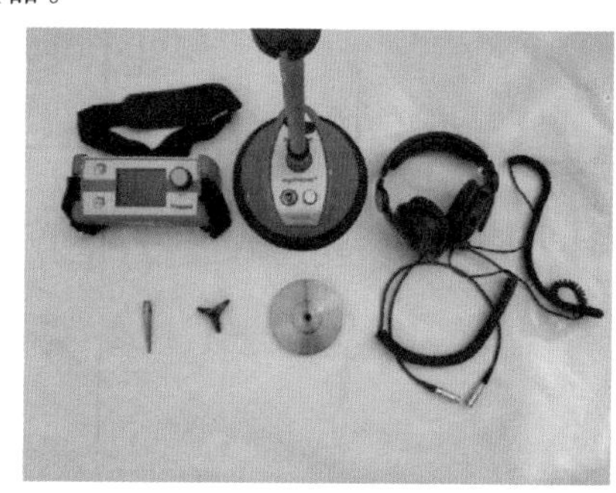

图 6-40　探针

(2)调整合适的高度。

①连接手柄与探测器。

②调整手柄的高度(图 6-41)。

(3)连接探测器和耳机至接收机。

(4)启动接收机,启动以后要检查电池状态,保证电量充足(图 6-42)。

①调整菜单界面功能键设置(图 6-43)。

②显示测试界面(图 6-44)。

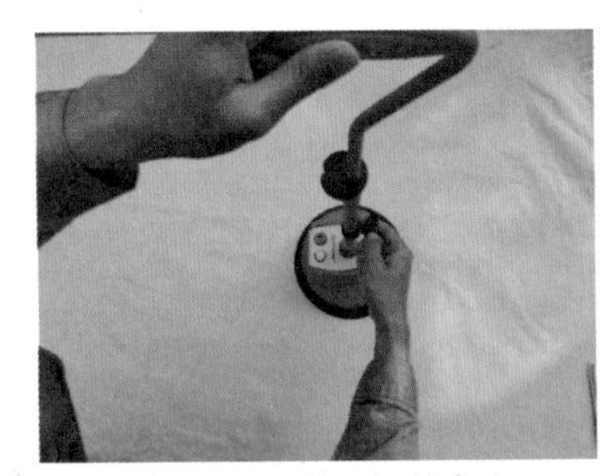

图 6-41　调整手柄的高度

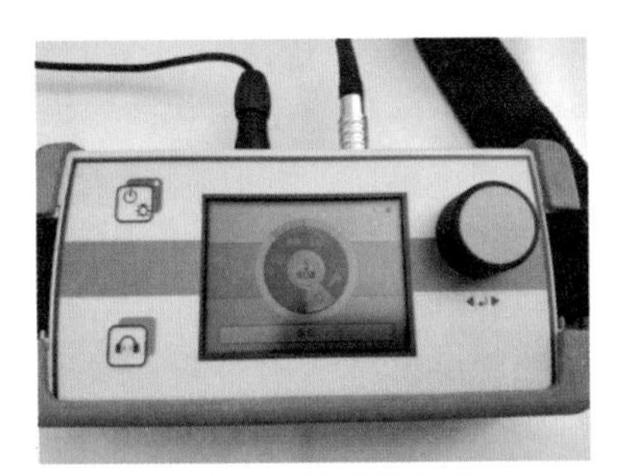

图 6-42　启动接收机

图 6-43　调整菜单界面功能键设置

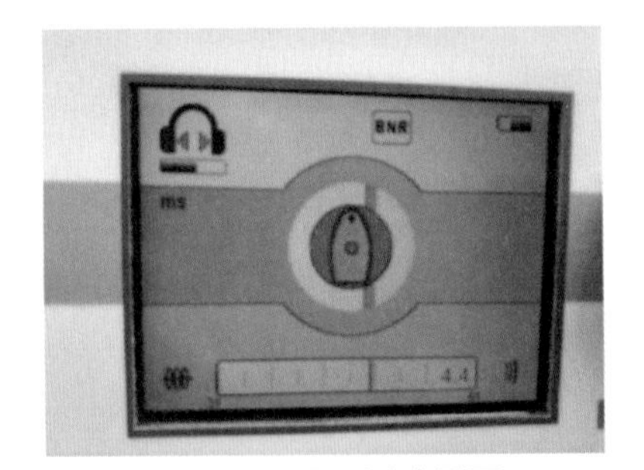

图 6-44　显示测试界面

③启动冲击放电发生器,选择合适冲击量程和冲击电压,注意施加冲击电压会引起故障点产生燃弧,所加电压必须符合电缆的电压等级要求。

(5)电缆故障精确定点。

①沿电缆路径寻找声磁信号时间差最小的位置(图 6-45)。

②确定故障点位置(图 6-46)。

图 6-45　追踪电缆路径

图 6-46　确定故障点位置

③关闭故障定点仪。

④记录故障点位置,准备后续检修工作。

6.4.2 声测法

1. 操作流程

(1)到达电缆路径,启动故障定点仪。

(2)与故障测试端测试人员联系,启动冲击放电发生器。

(3)沿着故障电缆路径,进行故障精确定点。

(4)关闭故障定点仪。

(5)与故障测试端测试人员联系,关闭冲击放电发生器。

2. 测试操作具体步骤

(1)准备故障定点仪,并进行组装。

(2)启动冲击放电发生器,选择合适的冲击量程和冲击电压,注意施加冲击电压会引起故障点产生燃弧,但所加电压必须符合电缆的电压等级要求。

(3)根据定点仪声音信号,进行电缆故障精确定点。

(4)关闭故障定点仪。

(5)记录故障点位置,准备后续检修工作。

6.4.3 音频感应法

1. 操作流程

(1)到达电缆路径,启动故障定点仪。

(2)与故障测试端测试人员联系,启动磁信号发射源。

(3)沿着故障电缆路径,进行故障精确定点。

(4)关闭故障定点仪。

(5)与故障测试端测试人员联系,关闭磁信号发射源。

2. 测试操作具体步骤

(1)准备故障定点仪,并进行组装。

(2)启动磁信号发射源,注意调整发射源频率,尽量避免使用工频。

(3)根据定点仪磁场信号在故障点位置最强,在故障点两侧衰减很快的原理,进行电缆故障精确定点。

(4)关闭故障定点仪。

(5)记录故障点位置,准备后续检修工作。

6.4.4 跨步电压法

1. 操作流程

(1)启动定点仪。

(2)拧开电源钥匙。

(3)选择合适的电压等级。

(4)确认设备对护套发射脉冲电压。

(5)沿着电缆路径进行精确定点。

2. 测试操作具体步骤

(1)启动定点仪(图 6-47)。

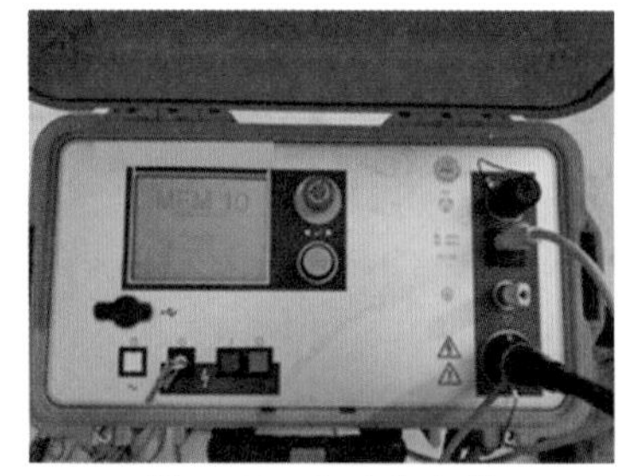

图 6-47 启动定点仪

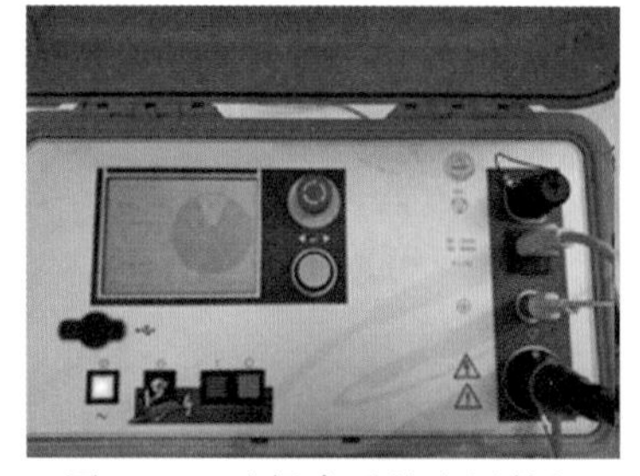

图 6-48 选择合适的电压等级

(2)向右拧开电源钥匙。

(3)选择合适的电压等级(图 6-48)。

(4)确认设备对护套发射脉冲电压。

(5)沿着电缆路径进行精确定点。

跨步电压最小值即为故障点所在大致位置。

6.5　常见问题处理 Q&A

Q1:高压信号发生设备接地有哪些要求?

A1:在测试前,将高压信号发生设备的保护地线和试验地线分别接在不同的接地点,接地必须牢固可靠,必要时清除接地排上的锈迹,减小接触电阻;仪器外壳要有可靠的保护地,并与电缆接地分开。

Q2:电桥法接地有哪些要求?

A2:电桥法使用的前提是接地线接地良好,不能出现松动,若接地不良,则会导致电桥无法调零。电桥法不能用于多个接地点的故障电缆。

Q3:散件设备中电容器如何空置?

A3:不使用散件时,必须将电容器两个接触极短接,严禁空开,防止电容器存在残余电荷。

Q4:散件测试设备使用后的放电有哪些要求?

A4:按照试验规程,用专用放电棒依次给电容器、电缆各相线芯按照拉弧放电、电阻放电、直接放电来彻底放电。尽管装置在放电后有自动放电功能,但必须经过彻底放电,才能拆除试验接线。

Q5:跨步电压法加压时有哪些注意事项?

A5:跨步电压法加压是在故障相和大地之间加脉冲电压,护层两端的接地线一定要解开。

Q6:跨步电压法如何测护层多点故障?

A6:加电压时,护层表面其他被破坏的点也可能会在地面产生跨步电压分布,所以使用时一定要参照测得的故障距离,否则找到的地方可能不是真正的故障点。

Q7:施加高压脉冲时故障点放电如何判断?

A7:要想判断故障点是否放电,可以看高压信号发生器的电压表或者电流表是否大幅度迅速摆动,如果大幅度摆动说明故障点放电;如果无摆动,说明仪器没有采集到放电脉冲,需提高试验电压或者调整放电延时时长,再采集波形。

第7章 电缆故障测寻操作方法(故障车)

电缆故障测试主要分3个步骤——故障性质诊断、故障初测、故障定点,任何公司、任何技术都在这3个环节以内,故障车也是如此。不过,故障车以其高度集成化、智能化、便携化的优势,逐步受到各电力公司和电缆运检工作者的青睐。本书以某车载式高压电缆故障定位系统及其附件为例,介绍故障测距的具体操作方法。

7.1 电缆故障测寻工作前准备

1. 准备测距操作相关仪器设备

故障车(图7-1和图7-2),电子式绝缘电阻表,万用表,声磁同步定点仪,验电器,放电棒,接地线,短接线,工作标识牌(图7-3)。

图 7-1　故障车

图 7-2　故障车内部

2. 检查测距操作相关仪器设备

（1）故障车的检查包括检查车体的油量、车载发电机的油量、车胎的气压等。

（2）检查电子式绝缘电阻表电量、开路电压。

（3）检查万用表电量。

（4）检查声磁同步定点仪、跨步电压定点仪电量。

（5）检查验电器电量、性能。

图 7-3　其他测距操作相关仪器设备

3. 电缆两端做安全措施

(1)在电缆测试端做安全措施。戴绝缘手套,验电(图 7-4),再次检查验电器,接地线(图 7-5,注意先接地极再接电缆终端地线),挂标识牌(在此工作)。

(2)在电缆对端做安全措施。到故障电缆的对端,检查是否具备测试条件,并在该位置设置安全围栏,挂标识牌(止步,高压危险)。

(3)具有交换互联接地系统的单芯电缆,需要用短接线将交叉互联系统分相短接并接地(图 7-6)。

图 7-4　验电

图 7-5　接地线

图 7-6　用短接线将交叉互联箱分相短接并接地

7.2 故障性质诊断操作流程

1. 导通试验

在电缆对端用短路线将三相短接且不接地（图 7-7），在电缆测试端选择欧姆挡进行电缆导通试验测试，判断是否存在断线故障（图 7-8），拆除电缆对端短路线。

图 7-7　将三相短路

图 7-8　判断是否存在断线故障

2. 绝缘电阻试验

（1）电缆对端开路，用电子式绝缘电阻表分别摇测电缆三相主绝缘电阻（图 7-9 和图 7-10），注意测试后进行放电。根据测试结果判断电缆绝缘是否存在接地故障。

(2)检查万用表,选择欧姆挡,进一步测量故障相的绝缘电阻值,并判断是高阻故障还是低阻故障(图 7-11)。

图7-9　摇测电缆三相主绝缘电阻 1

图 7-10　摇测电缆三相主绝缘电阻 2

图 7-11　判断故障性质

综上所述,根据测试结果判断电缆的故障性质。

7.3　电缆故障初测操作方法

1. 试验接线

先接地线,再接试验测试线,最后插电,关闭车门(图 7-12、图 7-13、图 7-14、图 7-15)。

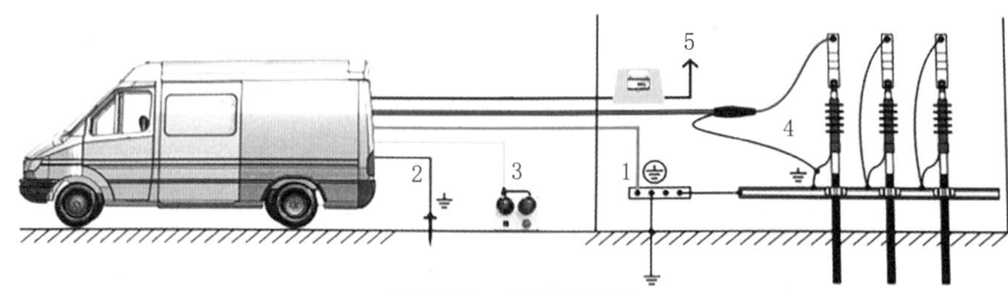

图 7-12 接线示意图

1—测试车接地线;2—车身对地电势检测电缆;3—高压测试电缆屏蔽;4—高压测试电缆线芯;5—电源线

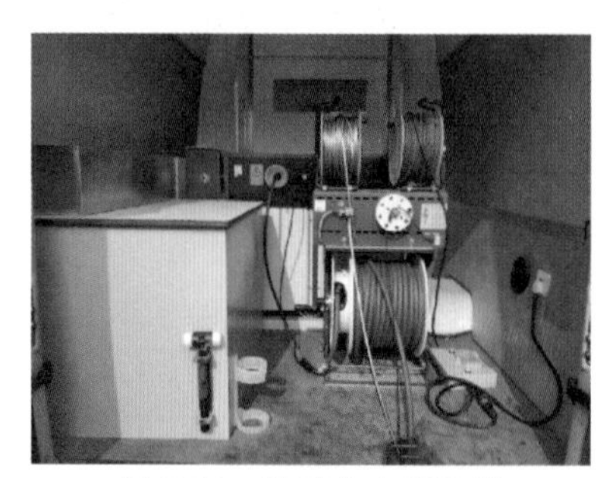

图 7-13 故障车内部接线

图 7-14 电缆终端接线

2. 上电

开启发电机(图 7-16),打开操作间电源开关(图 7-17),开启操作台主电按钮(图 7-18)。

图 7-15　关闭车门

图 7-16　开启发电机

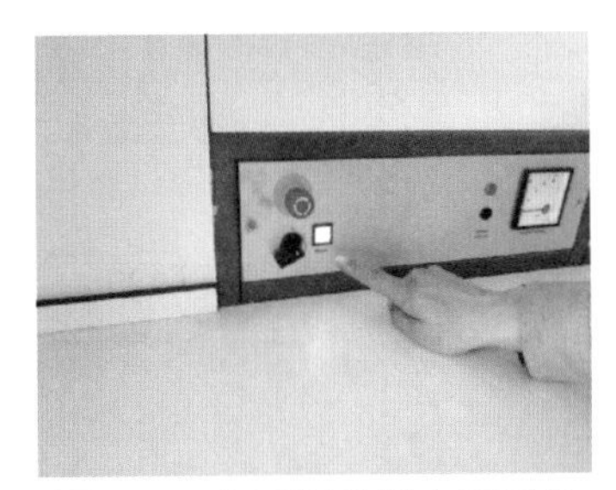

图 7-17　打开操作间电源开关

图 7-18　开启操作台主电按钮

3. 直流试验

高阻故障时,给故障电缆从低到高施加测试电压,为二次脉冲法和脉冲电流法故障定点提供选择电压量程的依据,而不能盲目加压。

(1)选择“TEST”试验模式(图 7-19)。

(2)选择“DC”直流试验模式(图 7-20)。

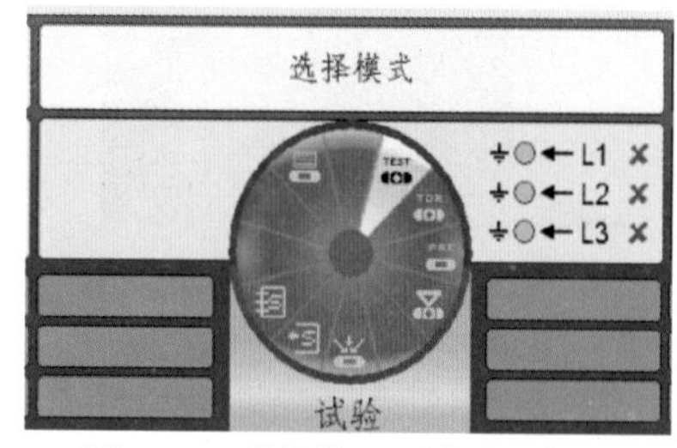

图 7-19　**选择“TEST”试验模式**

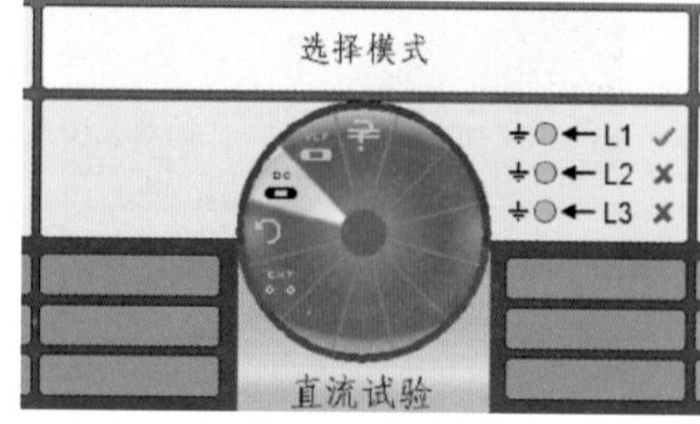

图 7-20　**选择“DC”直流试验模式**

(3)选择“电压范围”,按下操纵杆(图 7-21)。

(4)选择“试验时间”(推荐 5min)(图 7-22)。

(5)选择“手动/自动生压”(推荐自动)(图 7-23)。

(6)开始测试(图 7-24)。

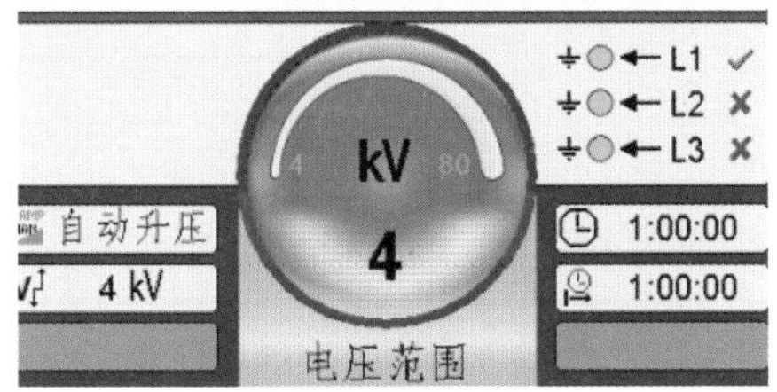

图 7-21　选择电压范围

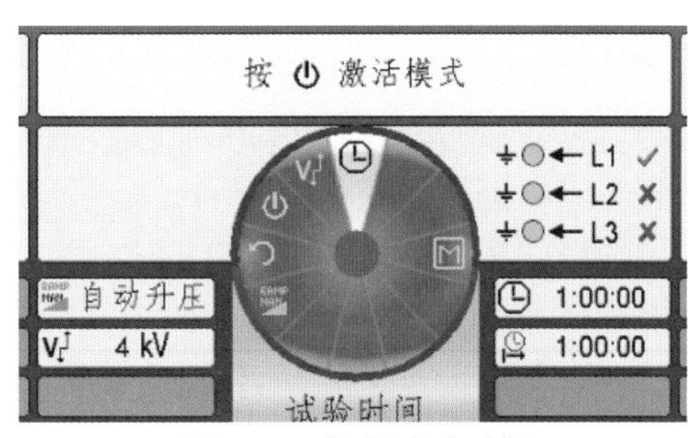

图 7-22　选择试验时间

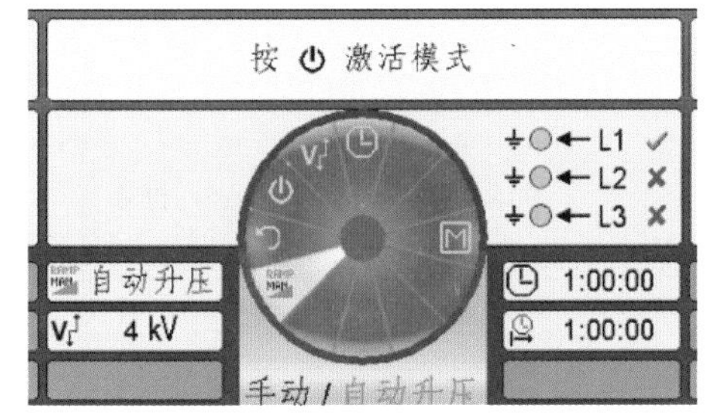

图 7-23　选择升压方式

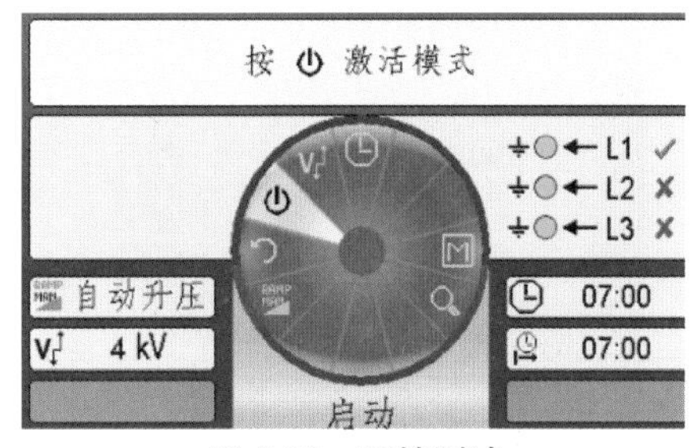

图 7-24　开始测试

(7)读取屏幕上击穿电压和泄漏电流(图 7-25)。

4. 低压脉冲法

该方法不发射高压脉冲，脉冲无法击穿高阻故障点，故用以粗测断线或短路故障。

(1)选择低压脉冲法模式(TDR 模式)(图 7-26、图 7-27)。

(2)选择“Teleflex 高压测试电缆”选项(图 7-28)。

(3)调节波速度，选择“v/2”选项(图 7-29)。

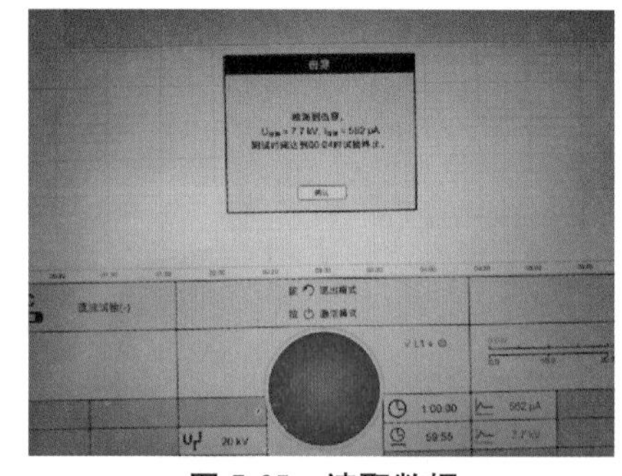

图 7-25　读取数据

图 7-26　选择模式

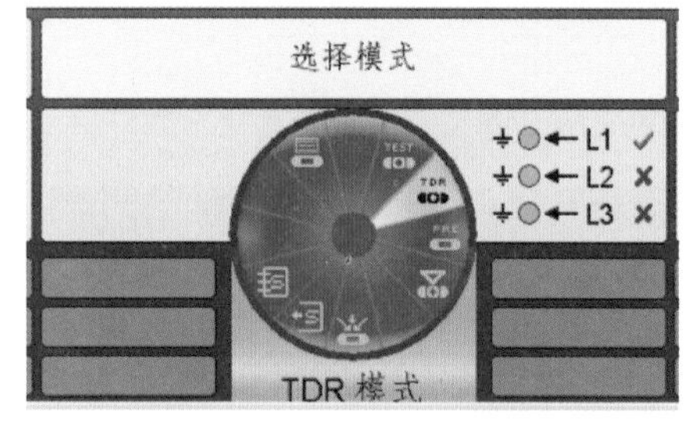

图 7-27　选择 TDR 模式

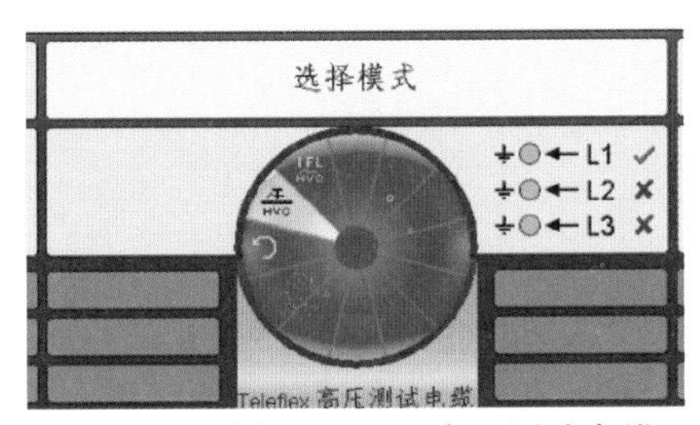

图 7-28 选择 Teleflex 高压测试电缆

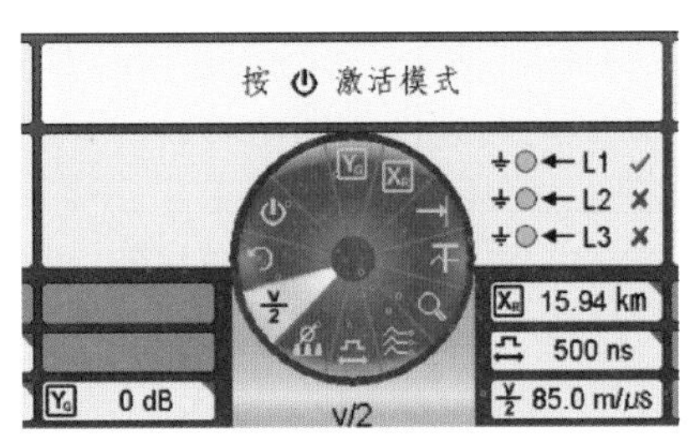

图 7-29 选择 v/2

(4)调节测试长度“X_R”(应稍大于电缆全长)(图 7-30)。

(5)调节增益(图 7-31)。

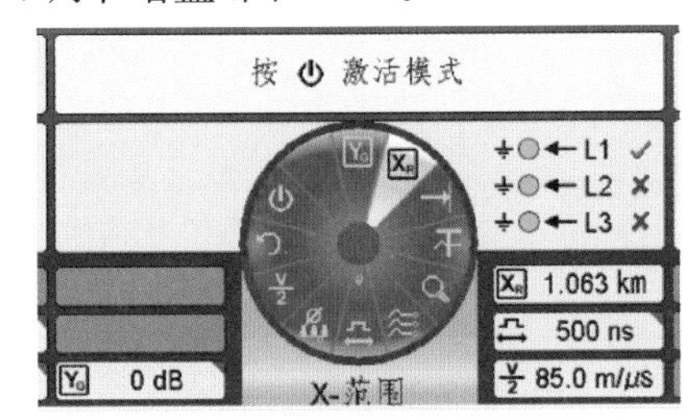

图 7-30 调节测试长度

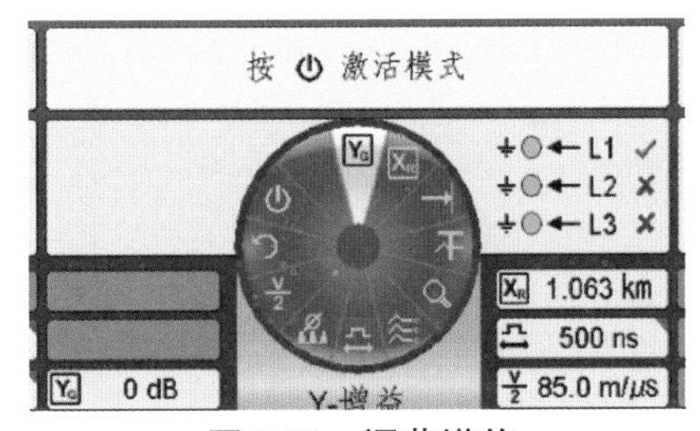

图 7-31 调节增益

(6)点击启动,开始测试,得到测试波形图(图 7-32)。

(7)调节增益,使波形图清晰易辨识,将光标调至故障点处,读取故障距离。

(8)结束工作,依次拆除所有接线,电缆两端及交叉互联箱恢复原状。

5. 三次脉冲法

该方法会对被测电缆施加高压,用以粗测高阻或闪络性故障。

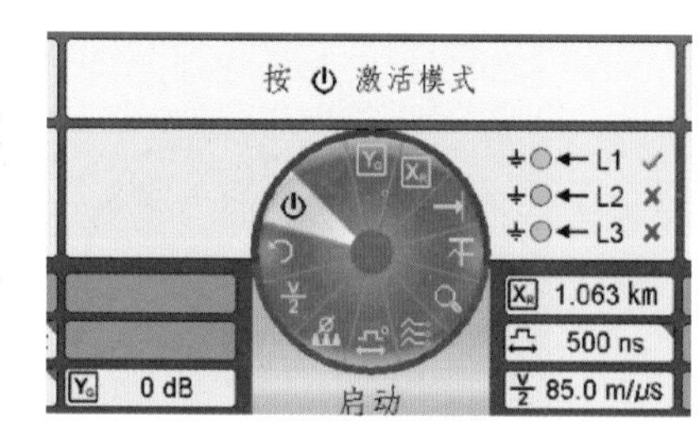

图 7-32 开始测试

(1)选择"PRE"故障初测模式(图 7-33)。

(2)选择"ARM+"三次脉冲法测试模式(图 7-34)。

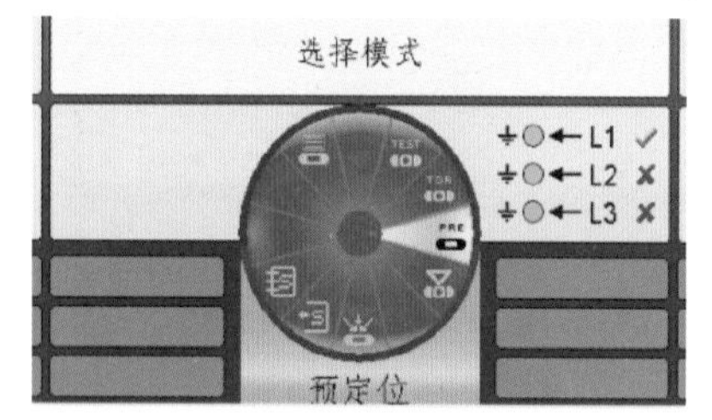

图 7-33 选择"PRE"故障初测模式

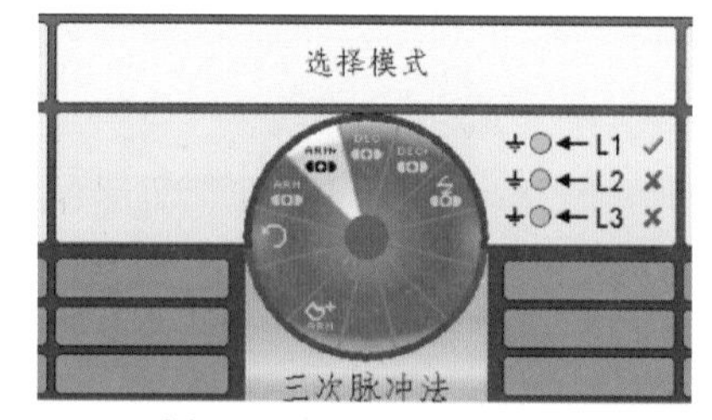

图7-34 选择"ARM+"三次脉冲法测试模式

(3)选择冲击电压量程(图 7-35)。

(4)调节波速度“v/2”(图 7-36)。

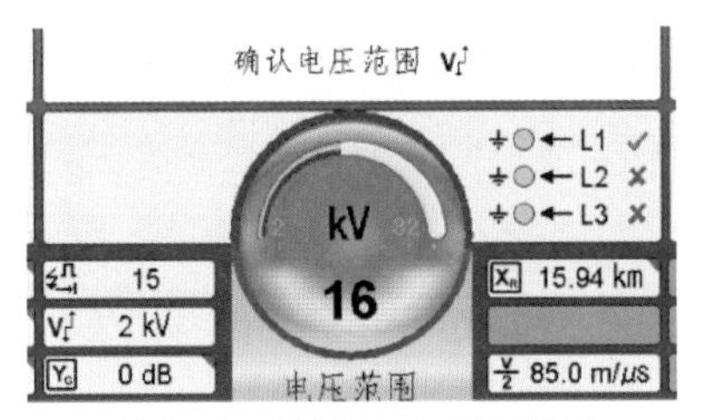

图 7-35　选择冲击电压量程

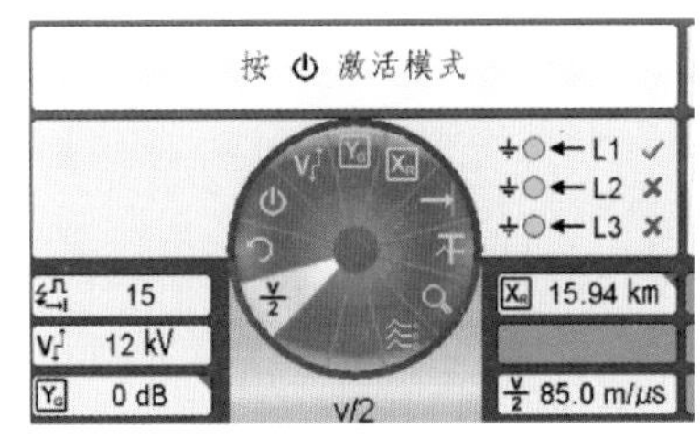

图 7-36　调节波速度

(5)调节测试长度“X_R”(稍大于电缆全长)(图 7-37)。

(6)调节增益(图 7-38)。

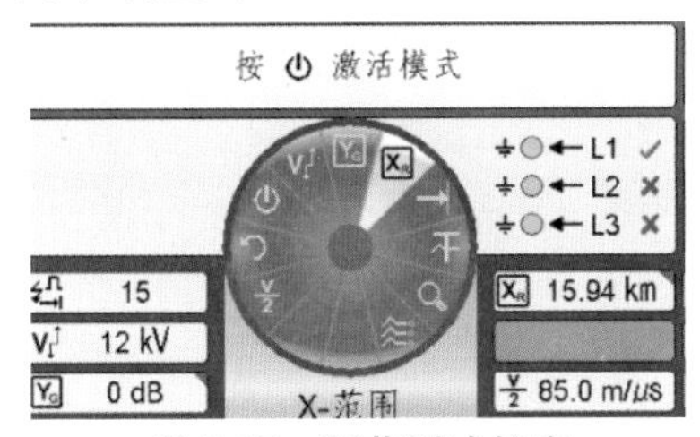

图 7-37　调节测试长度

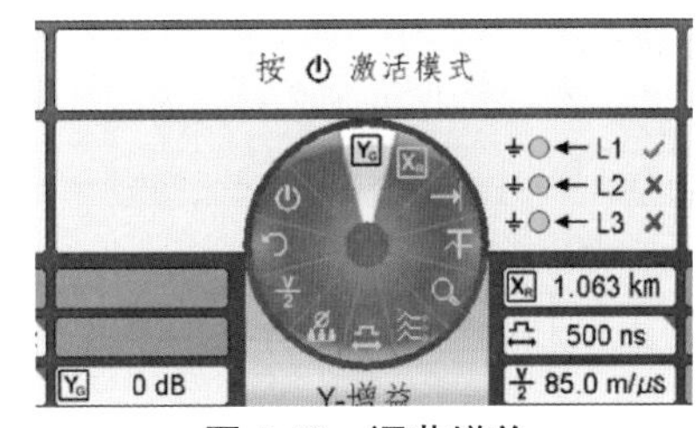

图 7-38　调节增益

(7)选择启动,开始测试(图 7-39)。

(8)调节增益,使波形图清晰易辨识,将光标调至波形所反映的故障位置处,读取故障距离(图 7-40)。

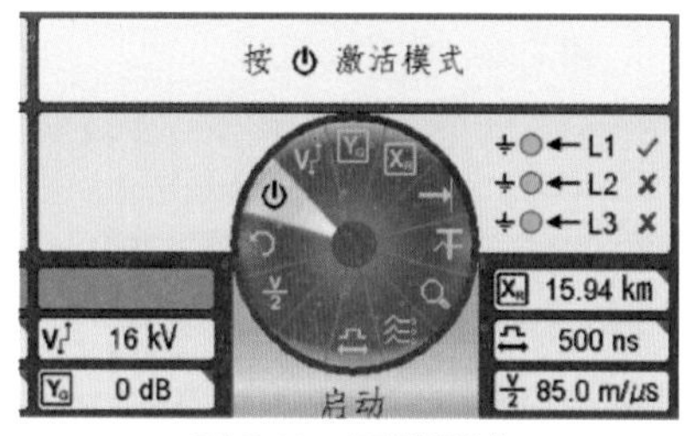

图 7-39　开始测试

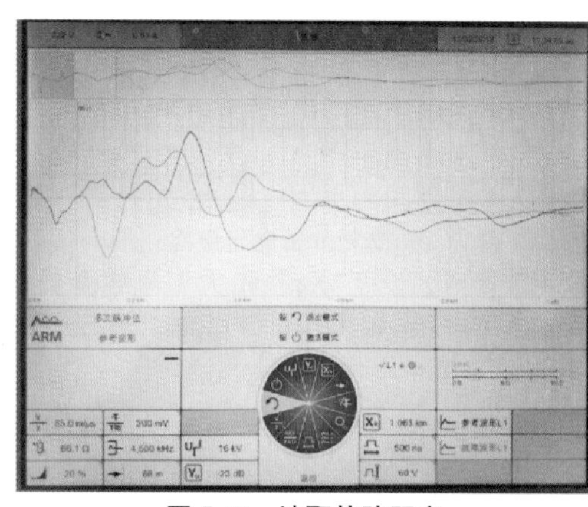

图 7-40　读取故障距离

(9)结束工作,依次拆除所有接线并恢复原状。

7.4　电缆故障定点操作方法

声磁同步法操作步骤如下。

(1)利用故障车进行电缆故障定点,试验接线同故障初测接线。

(2)选择合适的声音探头(图 7-41),调节手柄与传感器连接(图 7-42),将传感器、耳机与接收机主机连接(图 7-43),按开机键(图 7-44)。

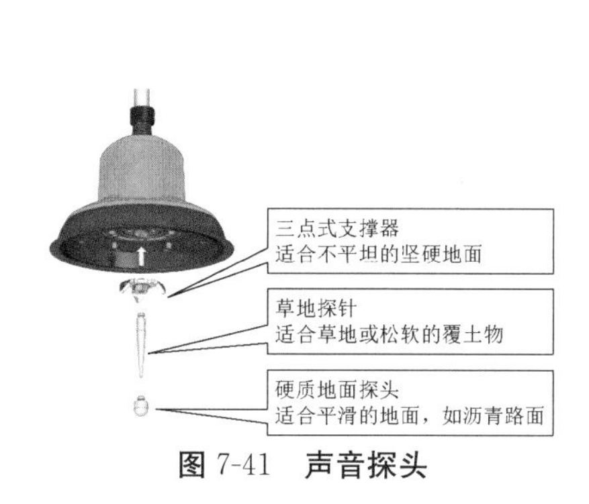

图 7-41　声音探头

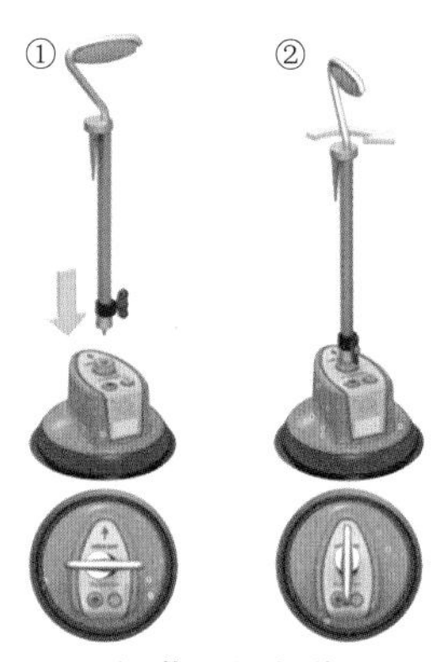

图 7-42　调节手柄与传感器连接

图 7-43　连接传感器、耳机与接收机主机

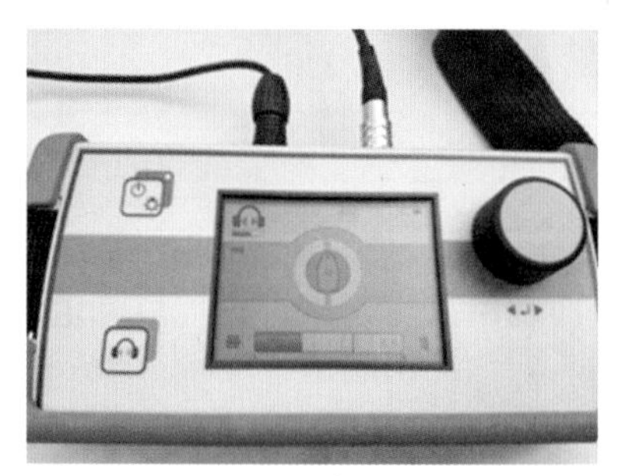

图 7-44　按开机键

(3)故障车的操作,选择故障定点操作模式(图 7-45)。

(4)选择冲击电压模式(图 7-46)。

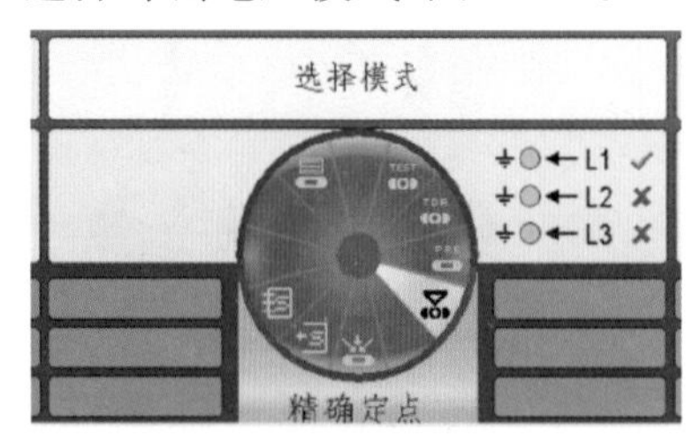

图 7-45　选择故障定点操作模式

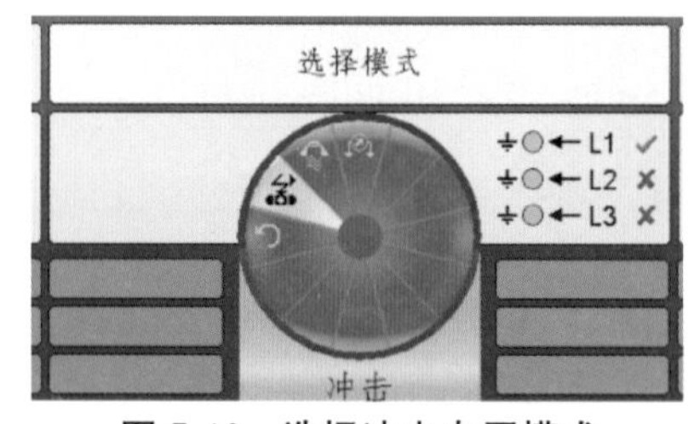

图 7-46　选择冲击电压模式

(5)选择冲击电压范围(图 7-47)。

(6)选择“手动/自动”模式(建议自动模式)(图 7-48)。

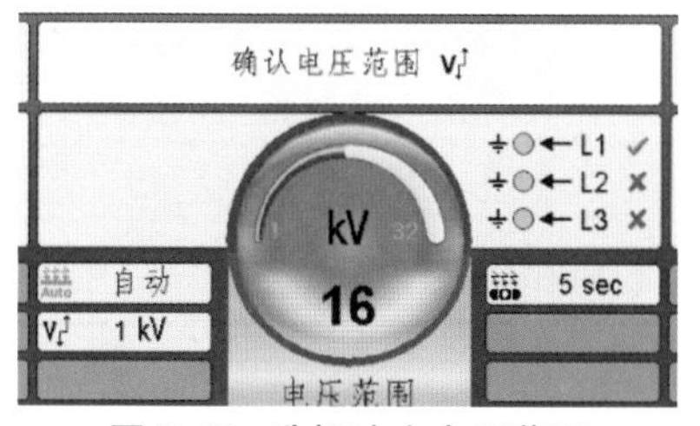

图 7-47　选择冲击电压范围

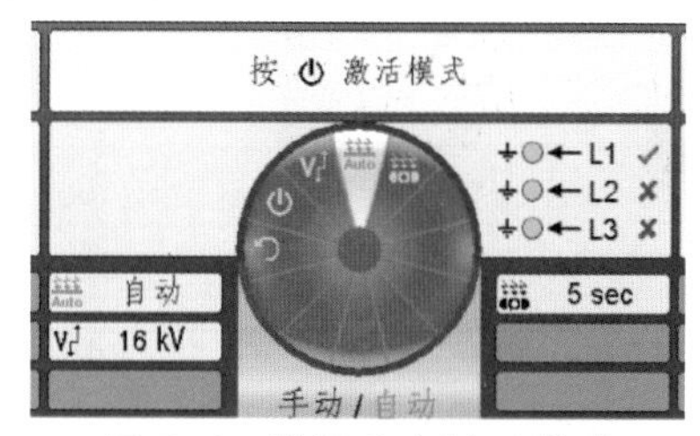

图 7-48　选择手动/自动模式

(7)选择所施加冲击电压的时间间隔(图 7-49)。

(8)选择启动,开始测试(图 7-50)。

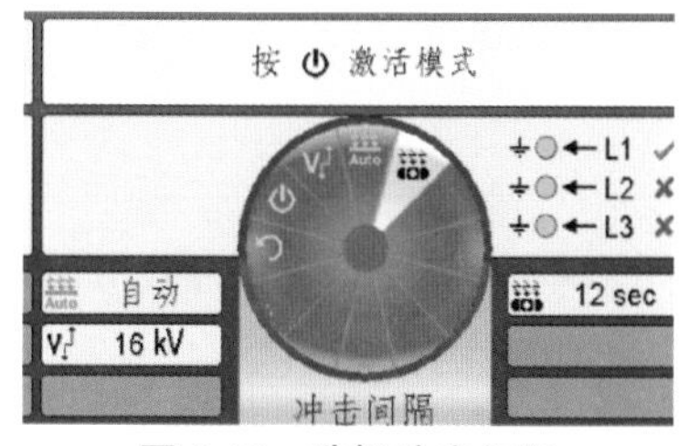

图 7-49　选择冲击间隔

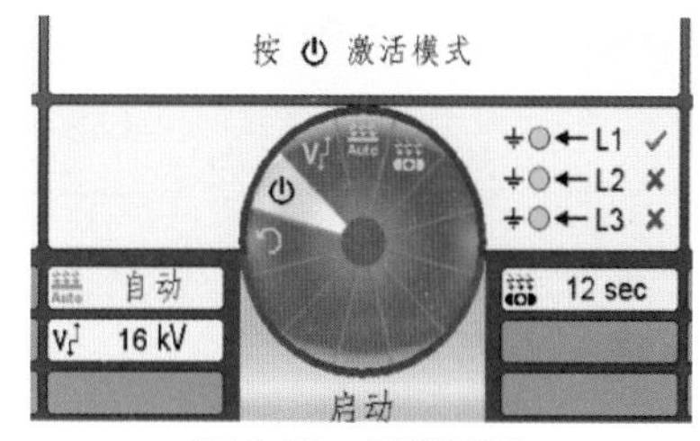

图 7-50　开始测试

(9)用声磁感应定点仪沿被测电缆路径查找故障点(图 7-51),声磁信号时间差最小的点即为故障点(图 7-52 和图 7-53)。

图 7-51　查找故障点

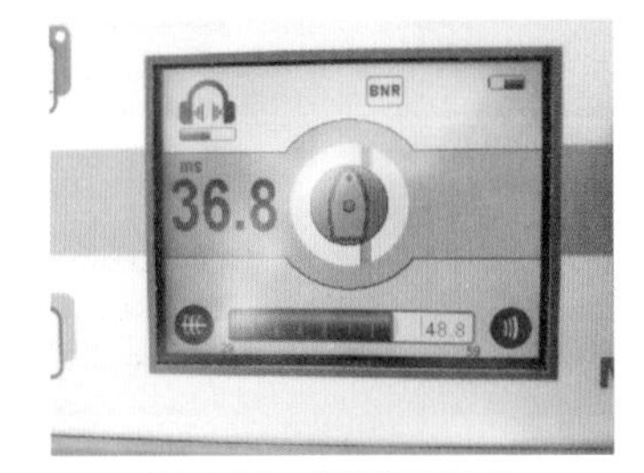

图 7-52　判断时间差

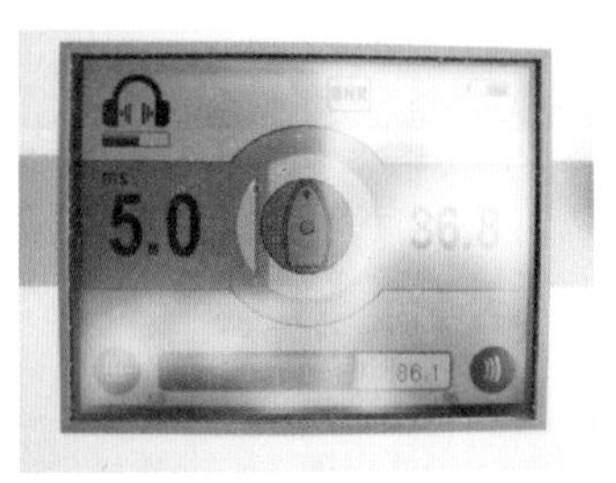

图 7-53　时间差最小点为故障点

(10)结束工作,依次拆除所有接线并恢复原状。

7.5　常见问题处理 Q&A

Q1:电缆故障有那么多种类,测试方法也有那么多种类,有没有快速寻找故障的途径?

A1:电缆故障测寻是一个耐心活、细致活、技术活,充分的准备、认真的故障性质诊断、细致的波形分析是关键。能巡视找到的外力故障,尽量避免试验查找;能做好的故障性质诊断,应当避免盲目选择测寻方法。

Q2:故障车的引出线有三个接地,怎么区分?

A2:如图 7-54 所示。

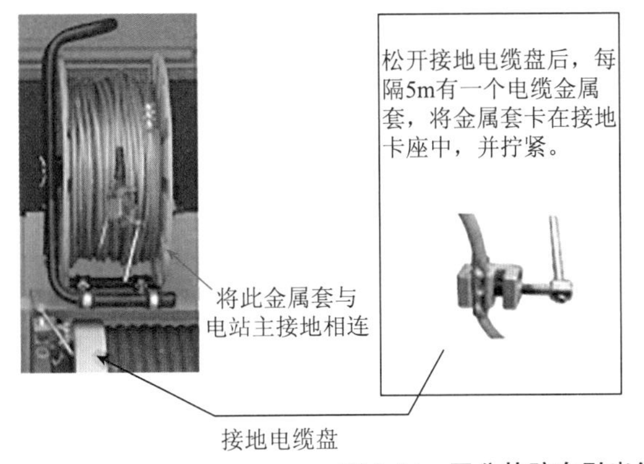

图 7-54　**区分故障车引出线的接地**

Q3:冲击电压法对被测的高阻故障电缆放电,电压调得很高,为什么还是不能将故障点击穿?

A3:设备充电需要一定时间,如选择冲击放电时间较短,充电电容不能完全充满,故障点放电能量不够会影响精确定点的效果。

Q4:可能导致无法查找故障的原因(接线和操作无误的情况下)有什么?

A4:(1)电缆接头大量进水,此时不易得到初测测试波形,采用“烧弧”的方法不易将水分烤干,可用脉冲电流法多试几次。

(2)电缆对端未做处理,如电缆末端与负载或避雷器、CT、PT 等设备连接,此时需注意尽量将可能影响到测试结果的设备拆除,同时也防止对其他设备造成可能的伤害。

(3)高压电缆寻找故障未恢复屏蔽交叉互联,故障车在用于高压电缆(66kV 及以上)的故障测寻时,需将高压电缆的屏蔽交叉互联恢复,否则无法得到反射波形。

(4)无法精确定位故障点,有可能是精确定位时选择的冲击放电能量太小,应注意选择合适的测试电压,以得到足够大的冲击放电能量(能量大小在显示屏上以数字标识)。

(5)参数设置错误,如设置了错误的测试电压、长度测试范围、增益范围等参数。